Bianca Hahn

Stuttgarter Amazonen

Familiengeschichten, Leben & Charaktere wilder Papageien

PAPAGEIEN

ARNDT-VERLAG
WIR LIEBEN VÖGEL!

Inhalt

Die Themen

Vorwort

Einleitung

Seit 2005 betreibe ich ein eigenes Fotoatelier in Kornwestheim und das Fotografieren von Menschen und Tieren ist meine große Leidenschaft. In meiner Freizeit bin ich sehr gerne in der Natur unterwegs, wobei es mir die Stuttgarter Papageien besonders angetan haben.

Seit sieben Jahren bin ich nun mindestens fünfmal die Woche, meistens frühmorgens zum Sonnenaufgang in Stuttgart auf Entdeckungstour, um die Papageien zu beobachten. Obwohl ich nun schon seit vielen Jahren alles rund um die Papageien dokumentiere und in Bildern festhalte, erstaunt es mich immer wieder, wieviel Neues es noch zu entdecken gibt.

Was mich am meisten fasziniert, ist das Sozialverhalten der außergewöhnlichen Papageien. Mit diesem Bildband, anhand einiger Geschichten über die Gelbkopfamazonen, möchte ich allen Freunden der wild lebenden Amazonen einen kleinen Einblick in deren aufregendes und teils spannendes Leben geben.

Alles begann im Jahre 1984, als eine Gelbkopfamazone (*Amazona oratrix*) einem privaten Haushalt entflog. Tierfreunde hatten Mitleid mit der einsamen Amazone und ließen im Folgejahr eine Amazone frei, die sie in einer Zoohandlung gekauft hatten, nicht wissend, ob die Papageien Männchen oder Weibchen sind. Die zwei fanden sich als Paar und zogen 1986 erstmalig drei Jungtiere groß. Seitdem wächst die Population stetig.

Im Jahr 1995 wurden 16 gezählt und weitere zehn Jahre später sogar 38 Papageien. Die Population wächst allerdings nur sehr langsam. Viele Jahre stagnierte sie und ging teilweise sogar zurück. Im Winter 2018 und 2019 erreichte sie den Rekordstand von 65 Amazonen.

Geleitwort

Prof. Dr. Matthias Reinschmidt

Eindrucksvoll sind Amazonen. Sie zählen mit zu meinen Favoriten im Artenspektrum der Papageien. Nicht nur, weil es Schönheiten sind, auch weil wir es mit Charakterköpfen zu tun haben. Halter können davon im wahrsten Sinne des Wortes ein Lied singen.

Auch wenn Sie selbst keine Amazonen daheim in der Obhut haben, werden Ihnen die Geschichten in diesem Bildband vermitteln, wie ausgeprägt Verhaltensweisen und Verhaltensunterschiede einzelner Amazonen sein können. Jedes Tier ist ein Individuum und das zeigt sich gerade in der Partnerschaft und in der Aufzucht des Nachwuchses.

Autorin und Fotografin Bianca Hahn hat darauf ihren Schwerpunkt gelegt. Eine ausgezeichnete Themenwahl, zu der ich ihr - wie auch zu dieser Veröffentlichung insgesamt – ganz herzlich gratuliere.

Ich selbst durfte die Haltung und Aufzucht von Amazonen schon oft in der Praxis begleiten, unter anderem im Loro Parque auf Teneriffa, dabei konnte ich über 40 Arten und Unterarten erfolgreich pflegen und größtenteils auch züchten. Fachlich haben mich die Freude und das spezifische Interesse an der Art zu zwei Publikationen (gemeinsam mit Thomas Arndt) geführt:

Amazonen Band I, Freileben/Haltung/Ernährung/Zucht
Amazonen Band II, Arten/Unterarten und ihre speziellen Bedürfnisse

Zusammen sind diese Bände zum Standardwerk für die private und professionelle Haltung von Amazonen avanciert. Beide Titel empfehle ich gerne als vertiefende Literatur.

In diesem Bildband wird sich der Welt der Amazonen erfrischend anders angenähert, als in der klassischen Fachliteratur: Mit einem feinfühligen und fotografisch exzellenten Blick, kombiniert mit den kurzweiligen Erzählungen, die uns kleine und große Geheimnisse hinter den Aufnahmen verraten.

Es ist ein Glück, dass wir Menschen wie Bianca Hahn haben, die mit Herz und Verstand diese außergewöhnliche Amazonenkolonie in Deutschland begleiten. Mit Ausdauer und mit sympathischer Zugewandtheit werden von ihr die Veränderungen schon viele Jahre beobachtet. So ist ein großes Wissen rund um diesen Schwarm im Stuttgarter Schlossgarten entstanden.

Bianca Hahn lässt uns nun an ihren Entdeckungen teilhaben. Vielen Dank. Ich wünsche ihr und den anderen Begleitern der Freilandpopulation weiterhin gutes Gelingen. Der Leserschaft wünsche ich stimmungsvolle Impressionen und die Inspiration, beim nächsten Stuttgartbesuch im Schlossgarten die Augen in die Bäume und in den Himmel schweifen zu lassen. Passen Sie auf, vielleicht begegnen Ihnen die Fotomodelle dieses Bildbandes dort im Original.

Herzliche Grüße
Ihr Prof. Dr. Matthias Reinschmidt
Herausgeber Fachzeitschrift PAPAGEIEN

Loris & Undine

Die unliebsamen Nachbarn

Undine war die allererste wildlebende Gelbkopfamazone, welche ich in Stuttgart zu Gesicht bekam. Kein Wunder also, dass ich mit ihr auch meine erste Geschichte in diesem Buch starten will.

Schon lange wusste ich von der Papageienpopulation in Stuttgart. Mit einem Freund zusammen nahm ich mir vor, die Papageien in ihrem Brutrevier zu suchen. Es war im August und tatsächlich fanden wir auf Anhieb ein Pärchen. Es waren Undine und Gustav, wie ich später erfahren sollte. Die Brutzeit war noch im Gange und die beiden warteten darauf, dass ihr Junges aus der Bruthöhle im Baum herausklettert. Sie saßen viel am Eingang und schauten immer wieder in die Höhle hinein. Voller Begeisterung beobachteten wir zwei volle Stunden das Pärchen, bis es schließlich wegflog.

Als wir dann in der darauffolgenden Woche wieder hin kamen, voller Hoffnung das Junge zu Gesicht zu bekommen, lernten wir Tomoko kennen. Tomoko hatte die wundervolle Idee gehabt, allen Amazonen liebevolle Namen zu geben, und so erfuhr ich schließlich, dass es sich bei dem Pärchen um Gustav und Undine handelte.

Beginn einer neuen Partnerschaft

Ein Junges hatte das Pärchen damals, doch leider verlor Undine kurz darauf ihren Partner. Sehr schnell bändelte Undine mit Loris an und brütete mit ihm ebenfalls nun sehr erfolgreich. Aus meinen anfänglich wöchentlichen Besuchen bei den wilden Papageien ist sehr schnell mehr geworden. Sehr viel mehr sogar. Im Moment bin ich mindestens fünfmal die Woche unterwegs, um die Papageien zu beobachten.

Meine morgendliche Route durch den Park beginnt meistens im Rosensteinpark direkt bei Loris und Undine. Parkplätze sind rar in Stuttgart, aber in ihrer Nähe finde ich morgens generell einen. Loris verblüfft mich dabei immer wieder aufs Neue. Zur Brutzeit trifft er fast immer punktgenau um sieben Uhr ein, um sein Weibchen zu füttern. Laut rufend kommt er aus Cannstatt angeflogen, landet im Brutbaum und wartet geduldig

Loris und Undine auf der
Suche nach einem Brutplatz.

darauf, dass Undine aus der Bruthöhle herausgeklettert kommt, um sie mit Futter zu versorgen. Fünfzehn Minuten später ist meistens alles wieder vorbei. Während die Weibchen ihr Gelege bebrüten, verlassen diese nie lange das Nest. Erst wenn bei den Jungen die ersten Federn anfangen zu sprießen, bleiben die Weibchen für einen längeren Zeitraum außerhalb, bis sie dann schließlich nur noch kurz in die Bruthöhle gehen, um die noch nicht flügge gewordenen Jungen zu füttern.

Wildvögel als Nachbarn

Schon immer war in der Nachbarschaft des Pärchens viel los. Meisen, Stieglitze, Kleiber, Bunt- und Grünspechte, ein Turmfalkenpärchen, Ringeltauben und Dohlen gehören dazu. Wie die Papageien sind auch die Dohlen Höhlenbrüter und stehen mit den Papageien in direkter Konkur-

Bild links: Loris und Undine im Winter in einem Zierapfel.

Bild oben: Loris und Undine imponieren im Brutgebiet.

Loris und Undine beobachten, was
in ihrem Revier vor sich geht.

Luisa, ein weiblicher Jungvogel von Loris und Undine, im Alter von einem Jahr.

renz um die Brutplätze. Loris und Undine hatten schon einige erfolgreiche Bruten in immer derselben Bruthöhle gehabt, als plötzlich ein Dohlenpaar sich genau für ihre Höhle interessierte. Jeglicher Versuch, die schwarzen Eindringlinge mit den auffallend hellblauen Augen zu vertreiben, scheiterte und das obwohl die Papageien sich sehr energisch mit ihren kräftigen Schnäbeln zu behaupten wussten. Die Dohlen trugen munter weiterhin ihr Nistmaterial in die Höhle. Schließlich gaben Loris und Undine das Kämpfen auf und warteten einfach ab. Ihr Verhalten erinnerte mich sehr an eine Sitzblockade. Beide kamen jeden Morgen angeflogen und setzten sich auf einen Ast direkt vor der Bruthöhle, während sich eine Dohle in der Bruthöhle befand. Dabei machten sie einen sehr apathischen Eindruck auf mich. Es war komplett still. Kein Laut war von ihnen zu hören und sie bewegten sich nur selten. Mehrere Stunden verbrachten sie damit, einfach nur dazusitzen. Schließlich räumten die Dohlen zu meiner und bestimmt auch zur großen Freude der Papageien das Nest. Weit weg sind die Dohlen nicht gezogen. Auf der Rückseite desselben Baumes, ein paar Meter unterhalb fanden sie eine neue Brutmöglichkeit und für den Rest des Jahres brüteten beide Paare harmonisch in unmittelbarer Nachbarschaft.

Bruterfolg im Nachgelege

Der Frieden sollte aber nicht ewig halten. Das nächste Brutjahr kam und Loris und Undines erste Brut scheiterte. Erst im Nachgelege klappte es dann. Mittlerweile war nicht mehr nur ein Dohlenpärchen präsent, es waren weitaus mehr. Während die Papageien für sich einen Brutbaum mit Revier beanspruchen, in welchem kein anderes Papageienpärchen brüten

Bild oben: Der wenige Monate alte Lukas erlebt zum erste Mal Schnee. Er ist 2020 geschlüpft.

Bild unten: Lukas im Alter von eineinhalb Jahren. Er ist der jüngste Nachkomme von Loris und Undine.

darf, brüten die Dohlen gerne in großen Kolonien. Den Dohlen entging nicht, dass sich ein Jungvogel in der Bruthöhle befand. Aufgeregt hüpften sie auf der Höhle herum und verschwanden zeitweise in dieser. Entfernte sich eine, kam sofort die nächste angeflogen. Dohlen sind Nesträuber und nur allzu gerne ernähren sie sich auch von Jungvögeln. Ich wusste allerdings, dass die Höhle sehr weit nach unten ging, und räumte den Dohlen keine Chance ein, an das Junge heranzukommen. Jedoch machte ich mir Sorgen, was passiert, wenn das Junge anfängt zu klettern und nach oben an den Ausgang kommen wird. Viele Stunden beobachtete ich, teilweise zusammen mit Loris und Undine, das Spektakel. Das Ausfliegen des jungen Lukas verpasste ich schließlich, fand die Eltern aber ein paar Tage später mit ihm auf den Schlafplätzen in Cannstatt und war sichtlich erleichtert, dass alles gut gegangen war.

Auf der Suche nach einem neuen Revier
Genauso turbulent, wie das letzte Brutjahr geendet hatte, begann das neue für Loris und Undine. Die Dohlen sind noch mehr geworden und diesmal gab es keine Chance für das Papageienpärchen, in ihrer bewährten Höhle zu brüten. Mit einer in der Nähe gefundenen Alternative ging es dann ebenfalls nicht lange gut und Loris und Undine mussten sich nun etwas einfallen lassen.

Immer häufiger befand sich das Pärchen nun direkt im Nachbarrevier von Geronimo und Lucette und sie suchten dort nach einer neuen Brutmöglichkeit. Geronimo und Lucette sind ein noch sehr junges und unerfahrenes Brutpärchen und was noch hinzukommt, Loris und Undine sind die Elterntiere von Lucette. Eifrig und energisch wurde nun von beiden Paaren imponiert und sich gegenseitig gedroht. Die Eindringlinge ließen sich allerdings nicht sonderlich beeindrucken und schauten sich einige Höhlen an. Es erstaunte mich sehr, dass die beiden Paare dabei relativ

Luisa ist mittlerweile drei Jahre alt. Sie hat einen Partner und brütet dieses Jahr erstmalig.

Loris und Undine sind bei ihrer Suche nach einem neuen Revier fündig geworden.

Lucette und Geronimo imponieren gegen Loris und Undine. Sie mußten ihr Revier gegenüber Lucettes Elterntiere verteidigen.

friedlich waren, und ich fragte mich, ob es vielleicht daran lag, weil Lucette ein weiblicher Nachkomme ist. Üblicherweise nehmen die Amazonen Eindringlinge nicht einfach hin und es endet nicht selten in heftigen Revierkämpfen. Loris und Undine verloren jedoch das Interesse an dem Gebiet und orientierten sich komplett neu.

Ein neues Brutrevier wird erobert

Im Unteren Schlossgarten wurden sie dann fündig. Allerdings gab es hier einen sehr großen Nachteil. Während die Brutreviere der einzelnen Paare im Rosensteinpark sehr groß sind und die Bruthöhlen sehr weit auseinander liegen, so sind diese im Unteren Schlossgarten sehr dicht beieinander. Konflikte und Reibereien stehen hier auf der Tagesordnung und wenn nun jemand kommt und sich hineinzudrängen versucht, werden die Reviere der ansässigen Papageien unausweichlich noch kleiner.

Während Loris und Undine im Rosensteinpark nur Geronimo und Lucette als ernstzunehmende Nachbarn hatten, so hatten sie es nun mit gleich drei Paaren zu tun. Zwei der Paare waren jedoch noch sehr jung und legten es nicht auf einen Kampf an. Nicht so aber ein alteingesessenes Paar. In einem heftigen Kampf mussten sich Loris und Undine nun behaupten, um ihre Revieransprüche geltend zu machen. Es gelang ihnen schließlich, allerdings war nun schon einige Zeit verstrichen. Alle anderen Paare brüteten und Undine und Loris beließen es in diesem Jahr dabei sich Bruthöhlen anzuschauen.

Bild oben: Geronimo und Lucette bei der gegenseitigen Gefiederpflege.

Bild unten: Loris und Undine mit einer Gruppe weiterer Amazonen suchen in der Erde nach heruntergefallenen Baumhaselnüssen.

Pebe & Lola

Fürsorgliche Eltern

Die zwei Gelbkopfamazonen Pebe und Lola sind mir besonders ans Herz gewachsen. In ihrer ursprünglichen Heimat Mexiko, Guatemala, Honduras und Belize nimmt der Bestand aufgrund des Verlusts von Lebensraum und durch die Fang- und Verfolgungsquote immer weiter ab. Mittlerweile ist die Gelbkopfamazone nach Anhang A (EG-ArtenschutzVO) unter den höchsten Schutz gestellt.

Im Jahr 2015 begann ich mit der Beobachtung und Dokumentation der Papageienpopulation. Pebe und Lola konnte ich sehr schnell in der damals 61 Kopf großen Papageienpopulation erkennen. Mittlerweile erkenne ich alle Papageien. Nicht immer an Ort und Stelle, sehr oft muss ich zu Hause nachschlagen und raussuchen, um wen es sich handelt. Für jede einzelne Amazone habe ich mir eine Karteikarte angelegt, welche sie von allen Seiten zeigt.

Unterscheidungsmerkmale der Papageien

Mehrere Faktoren helfen mir dabei, die Amazonen auseinanderzuhalten. Einmal das Alter, denn junge Amazonen haben noch sehr wenig Gelb. Erst mit den Jahren wird es immer mehr. Auch sieht der Gelbanteil nicht bei jedem Vogel gleich aus. Bei einigen ist der Übergang gesprenkelt, manche haben besonders viel gelb und manche weniger. Bei einigen ziert ein gelber Fleck den Bauch oder die Kehlpartie ist besonders auffällig gelb. In den neunziger Jahren gesellte sich eine entflogene Blaustirnamazone der Population hinzu. Mittlerweile lebt die Blaustirnamazone (*Amazona aestiva*) nicht mehr, jedoch weisen einige ihrer Nachfahren durch die Hybridisierung optisch ihre Merkmale auf. Wie der Name schon vermuten lässt, zeichnet sich die Art durch eine blaue Stirnpartie aus und der Schnabel ist schwarz, während er bei den Gelbkopfamazonen hornfarbig hell ist.

Ein weiteres wichtiges Erkennungsmerkmal für die Identifizierung der Papageien sind die Krallen. Viele Amazonen haben durch extrem kalte Winter Erfrierungen an den Zehen bekommen, die Folgen sind fehlende oder verwachsene Krallen. Beim Fressen greifen die Papageien gerne ihre Nahrung mit der Kralle und führen diese zum Schnabel. Hierbei bevorzugen

Pebe und Lola in ihrem Brutrevier.

Die erst drei Monate alte Noëlla hat noch wenig Gelb. Sie ist ein weibliches Jungtier von Pebe und Lola.

sie meistens immer dieselbe Seite. Auch dies dient mir als Erkennungsmerkmal und ist eine besondere Hilfe bei noch sehr jungen Amazonen, welche sich oftmals sehr ähnlich sehen und deren Äußeres sich bei jeder Mauser ändert.

Pebe und Lola brüteten viele Jahre in der Wilhelma

Insgesamt gab es damals fünfzehn Brutpaare, von denen aktuell nur noch drei in derselben Konstellation zusammen sind. Pebe und Lola sind eins von diesen Paaren. Nicht alle ihre Bruten waren erfolgreich und vielleicht war das der Grund, warum sie das Brutrevier wechselten. Zur Freude vie-

Bild oben: Lola mit einer Kastanie. Sie ist ein „Rechtsfüßer“.

Bild rechts: Die Geschwister Noëlla und Josella sind 2020 geschlüpft.

Bild links: Pebe sitzt gerne in der Magnolie, welche nahe seinem Brutbaum steht.

Bild oben: Zu Beginn der Brutzeit sind die Papageien oftmals aggressiv gegenüber Dohlen und Krähen. Hier versuchen Pebe und Lola eine Krähe aus dem Brutgebiet zu vertreiben.

Lola ruht sich nach der Nahrungsaufnahme aus.

Noëlla möchte in einer Eibe landen

ler Wilhelmabesucher war lange Zeit die Platane im Kängurugehege ihr zuhause. Wie im Rosensteinpark sind auch die Reviere in der Wilhelma sehr groß und es gibt dort kaum Reibereien.

Pebe und Lola hatten ihre ganz eigene Strategie, um an ein neues Revier zu gelangen. Über den Grund, warum sie sich ein neues Revier suchten, kann ich allerdings nur Vermutungen anstellen. Dohlen waren bei diesem Pärchen nicht der Auslöser.

Neue Bruthöhle gefunden

Während alle anderen Paare immer viel Wirbel um ein Revier machen und lautstark durch Rufe ihre Besitzansprüche kundtun, gingen Pebe und Lola sehr mit Bedacht vor. Sie hatten einen Baum nahe dem Museum ins Auge gefasst. Leise kamen sie angeflogen und untersuchten einige Höhlen. Nur selten hörte man das Pärchen rufen, es war, als wollten sie nach Möglichkeit den anderen nicht auffallen. Ihre Entscheidung fiel schließlich auf eine Höhle, an der sich schon ein kleines Drama, zum Glück mit gutem Ausgang, abgespielt hatte. Es war einst Theas Höhle gewesen. Nach einem Unfall fehlte ihr ein Teil ihrer Schnabelspitze. Als sie mit ihrem Partner Thilo auf Brutplatzsuche war, schaffte sie es nicht mehr aus eigener Kraft aus der Höhle zu klettern. Immer wieder rutschte sie auf dem letzten Stück ab und fiel in die Höhle zurück. Ihr Partner Thilo stand ihr die ganze Zeit über treu zur Seite und flog erst dann weg, als die von uns gerufenen Feuerwehrleute der Höhle zu nahe kamen. Die Versuche der Feuerwehr Thea aus der Höhle zu holen scheiterten, die Höhle war einfach zu tief. Erst als ein Ast in die Höhle platziert wurde, konnte Thea mit eigener Kraft daran hinaufklettern und wegfliegen.

Bild oben: Lola will eine neue Bruthöhle begutachten.

Bild unten: Lola möchte zu ihrer Bruthöhle fliegen.

Kommunikation mit den Nestlingen

Noch immer ist dieser Ast in der Höhle und Pebe und Lola nutzen ihn sehr gerne als Landeplatz und um in die Höhle hinein- und herauszuklettern, während ihr Nachwuchs allerdings die ein oder andere Schwierigkeit damit zu haben scheint. Aber dazu später mehr.

Nachdem auch die erste Brut in der neuen Höhle scheiterte, hatte das Pärchen zwei erfolgreiche Bruten in dieser gehabt. Hier fiel mir zum ersten Mal auf, dass die Eltern, wenn sie der Bruthöhle sehr nahe sind und darauf warten, dass ihre Jungen die Rinde im Höhleninneren hinaufklettern, ganz leise vor sich hingurren. Ein Geräusch, dass ich all die Jahre zuvor nicht wahrgenommen hatte. Dazu muss ich aber auch sagen, dass es im

Bild oben: Lola inspiziert ihr Revier.

Bild rechts: Pebe und Lola bei der Paarung.

Pebe bei der Fütterung
seines Jungvogels.

Pebe durchstreift sein Brutrevier.

gesamten Brutgebiet keine idyllische Ruhe gibt. Auch nicht am frühen Morgen, der Tageszeit, zu der ich immer im Park unterwegs bin. Unzählige Baustellen, Verkehrslärm von stark befahrenen Straßen in unmittelbarer Nähe und vorbeifahrende Züge sind fast pausenlos zu hören. Lange Zeit bin ich davon ausgegangen, dass die Papageien ihre Jungen durch lautstarkes Rufen locken. Nun denke ich aber, dass diese lautstarken Rufe eher den Reviernachbarn gelten.

Einmal wahrgenommen, achtete ich nun vermehrt bei den anderen Paaren ebenfalls darauf. Bei einem weiteren gelang es mir dieses „Gurren" ebenfalls herauszuhören. Bei den anderen Brutpärchen mit Jungen in der Höhle waren zu viele Nebengeräusche und was ebenfalls noch hinzukam, die Höhlen waren wesentlich höher und weiter von mir weg, so dass die Laute nicht bis zu mir herunter klangen.

Unfreiwilliger Start ins Leben

Bei Pebe und Lola verbringe ich immer mit Abstand die längste Zeit, um deren Jungtiere zu Gesicht zu bekommen. Das Pärchen ist sehr entspannt und lässt sich durch meine Anwesenheit in keiner Weise stören, allerdings halte ich immer sehr viel Abstand zu den Bruthöhlen, verhalte mich sehr ruhig und bewege mich kaum. Generell versuche ich, immer möglichst allen Nachwuchs schon an der Höhle zu Gesicht zu bekommen, um die genaue Anzahl aller Jungtiere in Erfahrung zu bringen. Normalerweise klettern die jungen Papageien, bevor sie ausfliegen, über mehrere Tage hinweg an den Höhlenrand und schauen immer wieder mal aus der Höhle heraus. Wenn man in etwa den Zeitpunkt weiß, wann die jungen Papageien flügge werden, ist es relativ leicht, sie dabei zu sehen. Insgesamt sind aus Pebes und Lolas neuer Höhle drei Jungvögel herausgeklettert und bei allen spiel-

Pebe wird von seinem Nachwuchs um Futter angebettelt.

Lola füttert ihren Jungvogel

te sich das gleiche Szenario ab. Kaum waren sie oben angelangt, rutschten sie auf dem angebrachten Ast ab und flogen mehr oder weniger unfreiwillig in die für sie noch neue und unbekannte Umgebung.

Pebe und Lola sind sehr fürsorgliche Eltern. Während andere Paare ihre Jungvögel schon gleich nach deren Ausfliegen zu den Schlafplätzen in die belebte Cannstatter Innenstadt locken, verstecken Pebe und Lola ihre sehr gerne. Oft vergehen mehrere Wochen, bis ich sie endlich wiedersehe.

Bild oben: Die Geschwister Noella und Josella sehen sich sehr ähnlich. Es war nicht immer leicht, sie voneinander zu unterscheiden.

Bild rechts: Pebe, wie er sich im Brutgebiet ausruht.

Zwei Amazonen, welche nicht fehlen dürfen, wenn es um Pebe und Lola geht. Hier auf dem Bild ist ihr Junges Lotte zu sehen. Lotte ist 2017 geschlüpft und brütet mittlerweile zum zweiten Mal.

Lottes Bruder Beppo ist zwei Jahre älter als sie und hat ebenfalls eine Partnerin. Die zwei Geschwister sind Reviernachbarn.

Sienna & Eurydike

Turbulenzen im Revier

Wie die meisten Papageienarten sind Gelbkopfamazonen normalerweise sehr monogam. Haben sie einen Brutpartner gefunden, bleiben sie mit diesem auch zusammen. Dennoch, es kann auch ganz anders kommen...

Die Amazonen sind in ihrem urbanen Lebensraum einigen Gefahren ausgesetzt. Nicht nur den Greifvögeln wie Habichten und Wanderfalken können sie zum Opfer fallen, auch unser Straßenverkehr stellt eine sehr hohe Gefahr für sie dar. Es „verschwinden" immer dann besonders viele Papageien, wenn sie häufig auf dem Boden nach Nahrung suchen. Und das ist genau die Zeit, in der der ganze Alltag der Amazonen von der bevorstehenden Brutzeit geprägt ist. Für den zurückgebliebenen Partner heißt es nun, schnellstmöglich einen neuen Partner zu finden. Alleine ein Revier zu verteidigen ist nicht einfach, wie diese Geschichte von Sienna und Eurydike zeigt.

Partner verloren
Wie üblich, war ich morgens im Rosensteinpark unterwegs und ich hörte ein fürchterliches Gezeter inmitten des Parks. Diese Laute kannte ich nur zu gut und ich wusste sofort, dass da ein handfester Kampf im Gange war. Schnell eilte ich hin und entdeckte Eurydike und das junge Pärchen Sienna und Safira.

Sienna ist 2016 geschlüpft und Safira ein Jahr später. Eigentlich waren die zwei ein Geschwisterpärchen, aber da sie aus unterschiedlichen Jahren stammen, wussten sie das natürlich nicht. Eurydikes Partner Orpheus konnte ich nirgends finden und ich befürchtete, dass er verunglückt sei.

Heftige Kämpfe im Revier
Es war nur allzu deutlich, dass Safira und Sienna es auf Eurydikes Revier mit Brutbaum abgesehen hatten. Das junge Pärchen bemerkte, dass Eurydike alleine war, und die beiden witterten ihre große Chance. Die Kämpfe waren heftig und ich war in großer Sorge um Eurydike, ihr wurde extrem heftig von Safira zugesetzt. Ganze drei Vormittage lang dauerten die Kämpfe an. Safira gelang es allerdings nicht, sich gegen Eurydike zu

Eurydike in einem Ahornbaum.

Eurydike muss um ihr Revier
und ihren Brutbaum kämpfen.

behaupten und Sienna zog es daraufhin vor, bei Eurydike zu bleiben, um so doch noch zu „Haus und Hof“ zu kommen.

Eurydike duldete sogleich die Anwesenheit von Sienna. Schließlich hat sie nun bei der Revierverteidigung von ihm tatkräftige Unterstützung. Feuer und Flamme für ihn war sie jedoch noch lange nicht. Immer wieder suchte Sienna ihre Nähe und wurde dann barsch zurechtgewiesen. Zu sehen, wie das neue Pärchen dann allerdings vier Wochen später zusammen brütete, war sehr seltsam, wo sie sich kurz zuvor noch so spinnefeind gewesen sind.

Partnerwechsel sind keine Seltenheit

Immer wieder kommt es besonders im Frühjahr zum Partnerwechsel. Unter den jungen Amazonen ist ein erfahrener Partner sehr beliebt. Dass ein

Bild oben: Safira und Sienna nutzen eine kurze Unterbrechung der Kämpfe zur gegenseitigen Gefiederpflege.

Bild rechts: Safira und Eurydike kämpfen. Sienna beobachtet die zwei.

Willi und Maja sind die Reviernachbarn von Sienna und Eurydike. An der Reviergrenze kommt es oft zu (meistens nur verbalen) Auseinandersetzungen.

Sienna und Eurydike sind mit ihren Reviernachbarn zusammen auf dem Boden gelandet. Eine brenzlige Situation, welche häufig in einem Kampf endet.

Sienna in einer Esche in seinem Revier. Die frischen Blattstiele werden gerne gefressen

junges Pärchen ein komplettes Revier zu übernehmen versucht, beobachtete ich das erste Mal. Wesentlich häufiger beobachtete ich, dass die jungen Amazonen ihren Partner links liegen lassen, um sich der älteren, erfahrenen Amazone anzuschließen. Aber auch unter alteingesessenen Paaren kommt es häufig zu Trennungen. In meinem letzten Bildband „Stuttgarter Amazonen - Papageien in der Großstadt" habe ich die Geschichte von Penelope erzählt. Sie hat ihrer Reviernachbarin Momo gleich zweimal den Partner ausgespannt. Zuerst Girolamo und als dieser aufgrund einer Verletzung in Pflege war, spannte sie Momo erneut deren neuen Partner Beppo aus.

Kriterien der Partnerwahl

Nach einem Partnerverlust wählen manche der älteren Amazonen den leichten Weg und suchen sich einen deutlich jüngeren Partner. Erfahrene Papageien mit festem Revier und Brutbaum sind bei den ein- bis dreijäh-

Bild links: Sienna passt genau auf, was in seinem Revier vor sich geht.

Bild rechts: Eurydike ruht sich währendessen im Brutbaum aus.

rigen Amazonen besonders begehrt und so ist es ein leichtes für sie, eine junge Amazone als Partner zu finden. Besonders beliebt sind alleinstehende Männchen, welche teilweise sogar gleich von zwei jungen Amazonenweibchen umworben werden. Aber nicht immer haben die erfahrenen Papageien an so einem Jungspund Interesse und wollen lieber eine ebenfalls erfahrene Amazone als neuen Partner, wie die nächste Geschichte zeigt.

Bild links: Sienna und Eurydike in ihrem Revier.

Bild oben: Sienna in einem Ahornbaum.

Sienna in einem Ahornbaum. Von den Ahornsamen können sich die Papageien das ganze Jahr ernähren. Hier sieht man gut alte Früchte vom Vorjahr und die neuen Triebe.

Papagei und Karla

Vertraute Nachbarn

Über „Papagei" habe ich ebenfalls schon in meinem letzten Bildband berichtet. Papagei verlor seine Partnerin Mamagei kurz nach dem Flüggewerden ihrer drei Jungen. Papagei, ein sehr erfahrenes und zuverlässiges Männchen, kümmerte sich nun rührend alleine um den Nachwuchs. Die drei hungrigen Schnäbel ohne Hilfe satt zu bekommen, war nicht einfach für ihn. Er wurde sehr stark von deren lautstarkem Betteln bedrängt. Die junge Gini warf ein Auge auf das erfahrene Männchen und folgte der Familie nun auf Schritt und Tritt. An der Aufzucht beteiligte sie sich nicht und ihr Interesse an den jungen Papageien war nicht sonderlich groß, dennoch duldete sie es, dass ihr Partner seine Sprösslinge großzieht. Circa drei Monate nach dem Verlassen der Bruthöhle waren die jungen Papageien schließlich selbstständig und gingen ihre eigenen Wege.

Papagei und seine Verehrerinnen

Das nächste Frühjahr kam schließlich und ich sah, wie zusätzlich zu Gini nun die ebenfalls noch sehr junge Mika Papagei umgarnte. Was dann kam, war zuerst ein ziemlicher Schock für mich. Papagei verlor an Gini sein Interesse und zog es vor, seinem Reviernachbarn Karl sein Weibchen Karla auszuspannen. Mindestens seit fünf Jahren waren Karl und Karla zusammen. Karl war wohl die auffälligste aller Gelbkopfamazonen. Er war an Kopf, Hals und Bauch stark gerupft und stach einem sofort ins Auge. Es war seine Partnerin Karla, welche zum größten Teil dafür verantwortlich war. Jedes Jahr brütete das Paar erfolglos und ich vermute stark, dass Karla aus Frust damit angefangen hat, ihren Partner zu rupfen. In den ersten Jahren sah ich nur sie, wie sie ihm die Federn ausrupfte, nach ein paar Jahren ertappte ich aber auch Karl dabei, wie er sich am Bauch Federn rupfte. Sogleich machte ich mir Sorgen um Papagei und hoffte darauf, dass es ihm nicht ebenfalls so ergehen wird. Doch schon bald zeigten sich auch bei Papagei auffällige Stellen am Hals.

Erfolgreiche Brut

Zu meiner großen Freunde hatte das Pärchen bei ihrer ersten Brut sogleich drei Jungen und ich hoffte nun sehr, dass Karla so sehr beschäftigt ist und

Amalio ist ein Nachkomme von Papagei und Mamagei. Nach dem Verlassen der Bruthöhle wurde er alleine von Papagei aufgezogen.

ihre nicht sonderlich liebevolle Gefiederpflege ihres Partners sein lässt. Tatsächlich war sie mit Übereifer dabei, sich um ihre Jungen zu kümmern. Bei uns Menschen würden wir dazu „Helikoptermama" sagen und es trifft auf sie auf jeden Fall zu. Je älter und selbstständiger die jungen Papageien werden, umso seltener werden sie gefüttert und die Eltern ignorieren zunehmend das laute Betteln um Futter ihrer Jungen. Nicht so aber Karla. Karla fütterte weiter... und weiter...

Normalerweise sind die jungen Papageien im November, nur wenn es mal ein Nachgelege gibt im Dezember, selbstständig und auf sich alleine gestellt. Karla fütterte jedoch noch im Januar ihre Jungen, als diese nun schon sieben Monate alt waren. Ganze zwei Monate mehr als üblich.

Alleinerziehendes Männchen
Das darauffolgende Jahr stand unter keinem guten Stern. Es gab zum Jahresanfang wenig Nahrung und viel Regen. Die Brut startete sehr spät und Papagei und Karla hatten diesmal nur ein Junges. Wie zuvor schon Mamagei „verschwand" nun auch Karla kurz nach dem Flüggewerden des Jungen. Papagei musste erneut sein Junges alleine groß ziehen. Aber da es diesmal nur eines war, fiel es ihm deutlich leichter. Die Partnerwahl nahm er sogleich auch selber in die Hand. Erst kurz zuvor musste er sein komplettes Revier an Loris und Undine abtreten. Er zögerte nicht lange und spannte der Amazone Beppo das Weibchen Loretta aus. Wie schon Gini zuvor akzeptierte auch Loretta es, dass sich ihr Partner um sein Junges kümmerte. Sie beteiligte sich ebenfalls nicht an der Aufzucht, war aber wesentlich weniger barsch zu der jungen Amazone.

Karla, mit Papagei war sie nur eineinhalb Jahre zusammen. Trotz der kurzen Zeit hat sie mit ihm zusammen vier Nachkommen aus zwei Bruten.

Papagei mit seinem und Karlas Jungvogel. Erneut muss er sich alleine um die Aufzucht kümmern.

Rémi und Pauline, sind die Reviernachbarn von Papagei und Karla. Pauline ist zudem ein Nachkomme von Papagei und Mamagei.

Rémi und Pauline vor ihrer Bruthöhle. Das Paar brütet momentan zum zweiten Mal miteinander. Beide haben nun das optimale Alter erreicht, um dieses Jahr eventuell das erste Mal Nachwuchs zu haben.

Pauline inspiziert die Bruthöhle. Rémi schaut von außen interessiert zu. Pauline ist 2016 geschlüpft. In diesem Jahr hatten Papagei und Mamagei nur ein einziges Jungtier.

Ein Jungvogel von Papagei und Karla sucht im Winter auf dem Boden nach Baumhaselnüssen.

Verlust des Brutbaums

Trotz neuer erfahrener Partnerin gelang es Papagei nicht, sich gegen Loris und Undine zu behaupten. Dieses Frühjahr musste er sein gesamtes Revier inklusive Brutbaum an die Eindringlinge Loris und Undine abgeben. Lange blieben Papagei und Loretta nicht ohne Revier. In unmittelbarer Nähe hatte das Pärchen Finn und Tobia ihr Revier. Papagei und Loretta gelang es, das Revier zu beziehen ohne auf große Gegenwehr zu stoßen.

Bild oben: Papagei und Karla im Revierkampf mit Loris und Undine.

Bild rechts: Loretta in einem Zierapfelbaum. Die kleinen Äpfel sind besonders beliebt im Winter.

Den Sohn als Nachbar
Amalio und Mika konnten sich in der Zeit, als Papagei noch mit Karla zusammen war, ein kleines Stück Revier von ihnen sichern. Amalio ist ein Sohn von Papagei und Karla. Man könnte nun meinen, dass die Papageien es dulden, wenn ihre eigenen Jungen Reviernachbarn sind oder einen Teil dessen abhaben möchten. Dem ist aber nicht so. In der Vergangenheit konnte ich schon heftige Revierkämpfe zwischen Papagei und Rafael, welcher ebenfalls sein Sohn ist, beobachten.

Bild oben links: Mika und Amalio in ihrem Brutgebiet.

Bild unten links: Papagei und Loretta bei der gegenseitigen Gefiederpflege.

Bild oben rechts: Loretta hat Finns und Tobias Bruthöhle übernommen.

Im letzten Jahr hatten Papagei und Karla nur ein einziges Jungtier. Hier will es in einer Eibe landen.

Papagei und Loretta halten wachsam
in ihrem Revier Ausschau.

Vier gegen zwei

Nach der neuen Revierverteilung sind nun Mika und Amalio die neuen Nachbarn von Papagei und Loretta sowie von Loris und Undine. Regelmäßig beobachte ich im Moment, wie Papagei und Loretta direkt in das Revier seines Sohnes und dessen Partnerin fliegen, um mit diesen gemeinsam gegen Loris und Undine zu imponieren. Sofort sind alle Parteien komplett außer Rand und Band und Kämpfe stehen auf der Tagesordnung. Dies überlässt das Paar meistens Papageis Nachwuchs und dessen Partnerin. Loris und Undine, welche mittlerweile in Karlas alter Bruthöhle brüten, gelingt es nicht, Amalio und Mika aus dem Gebiet zu vertreiben.

Bild oben: Die Situation zwischen Papagei, Lorettta, Loris und Undine droht zu eskalieren. Mika und Amalio sind ebenfalls aufgebracht.

Bild unten: Nachdem Loretta mit Undine gekämpft hatten, übernimmt Mika und greift Undine an.

Schon früh üben die Amazonen im Spiel das Kämpfen. Hier Kiana, ein weiblicher Nachkomme von Papagei und Mamagei, mit Blaukrönchen. Meistens finden sich die Kontrahenten als Paar zusammen. Die Bindung bei den jungen Papageien ist noch nicht sonderlich fest. Für eine „gute Partie“ verlassen sie ihren Gefährten.

Ein paar Wochen später hielten Kiana und Blaukrönchen im Brutgebiet Ausschau nach einem Revier und einer Bruthöhle. Beide sind zwei Jahre alt. Frühestens nächstes Jahr werden sie einen Brutversuch starten, falls sie da noch zusammen sind.

Emilie sollte nicht unerwähnt bleiben. Sie ist ebenfalls ein weiblicher Nachkomme von Papagei und Mamagei und ist aktuell die jüngste Amazone mit Nachwuchs. 2015 ist sie geschlüpft und hatte im Alter von fünf Jahren ihren ersten Nachwuchs. Insgesamt haben sie und ihr Partner Saphir in den letzten beiden Jahren erfolgreich drei Jungvögel großgezogen.

Ein Nachkomme von Emilie beim Fressen der Kätzchen von einer Salweide. Papagei ist die einzige Amazone von der ich weiß, dass er mittlerweile Großvater ist. Dieses Jahr bin ich sehr zuversichtlich, dass Lottte ebenfalls Nachwuchs haben wird. Dann wären auch Pebe und Lola Großeltern. Lotte ist mit Max zusammen, welcher ebenfalls ein Nachkomme von Papagei und Mamagei ist.

Amandine, Gini und Geronimo

Drei Geschwister gehen ihre eigenen Wege

Amandine, Gini und Geronimo sind die Nachkommen von einem Pärchen, welches mir besonders ans Herz gewachsen war. Es sind die Jungvögel von Penelope und Girolamo. Ursprünglich waren es sogar vier und es war bisher das einzige Mal, dass ich sehen konnte, dass ein Amazonenpärchen gleich vier Jungvögel hatte. Nur ein einziges Jahr lang war dieses besondere Pärchen zusammen. Girolamo wurde verletzt aufgefunden, war jedoch nicht schwer verletzt und konnte schon kurz darauf wieder freigelassen werden. Die Brutzeit stand allerdings schon kurz bevor und Penelope machte sich sogleich auf die Suche nach einem neuen Partner. Girolamo versuchte zwar Penelope im Kampf zurückzugewinnen, jedoch war er durch seinen Unfall noch geschwächt und er hatte keine Chance.

Schwieriger Start ins Leben

Amandine, die älteste der vier Jungvögel, hatte keinen guten Start ins Leben. Gleich zweimal war sie kurz nach dem Verlassen der Bruthöhle beim Tierarzt. Das erste Mal prallte sie in Cannstatt gegen eine Fensterscheibe, worauf sie ein Trauma erlitt, und nur wenige Wochen später wurde sie völlig entkräftet auf der Straße aufgefunden. Den Winter über päppelten Tomoko und ich sie auf und ließen sie dann erst im Frühjahr wieder zu ihren Artgenossen. Sie fand mit Rémi schnell einen Partner und es ist immer wieder eine besondere Freude für mich, zwei junge Amazonen bei der Paarfindung zu beobachten. Sie sind immer sehr lebhaft, überaus aktiv und übermütig. Die meiste Zeit über wird mit dem Partner gezankt. Für Außenstehende sieht es häufig eher nach einem handfesten Streit und Kampf aus. Hier üben die jungen Papageien wohl schon für später, wenn es dann ernst wird und es darum geht, das eigene Revier zu verteidigen. Zwischen den Reibereien gibt es allerdings immer wieder kurze Momente, in denen sich das Pärchen sanft krault, um dann aber wieder nahtlos ins Kämpfen überzugehen.

Nachdem Amandine in ihren jungen Jahren so lange in unserer Obhut war, war es ein besonders großer Schreck für mich, als ich sie plötzlich wochenlang nicht mehr an ihrer üblichen Stelle auf ihrem Schlafplatz in der

Amandine ruht sich an ihrer Bruthöhle aus.

Amandine in einer Eibe. Die Eibe gilt als giftig, wird aber von den Stuttgarter Amazonen gut vertragen. Ihr Interesse gilt nicht dem ungiftigen Samenmantel, sie verzehren die Knospen und den Samenkern.

Cannstatter Innenstadt fand. Es war genau in diesem Zeitraum, als häufig ein Habicht im Brutgebiet unterwegs war. Tatsächlich sind in dieser Zeit besonders viele Amazonen „verschwunden".

Amandine wurde von einem Greifvogel angegriffen

Ihre jüngste Schwester Pocahontas war nur ein paar Monate zuvor verschwunden. Ich war gerade im Park unterwegs, als ich eines Morgens von einem Freund eine Nachricht mit einem Foto geschickt bekam. Erschrocken fragte er mich, was mit der Amazone los sei, sie sei gerade in den Bäumen vor seinem Haus und scheint verletzt zu sein. Mein Herz machte einen Sprung. Die Amazone auf dem Foto war eindeutig Amandine. Zu meiner Freude machte sich auch ein Entsetzen bemerkbar. Amandine sah nicht sonderlich gut auf dem Foto aus. Ihr kompletter Kropf und Bauch war federlos und eine Verletzung, welche typisch für Greifvögel ist, war zu erkennen.

Ein paar Tage später entdeckte ich dann, als ich beim Sichten von Bildern war, Amandine auf einem Foto an den Schlafplätzen, welches ich drei Wochen zuvor aufgenommen hatte. Auf diesem Bild war ihr Bauch noch nicht

Bild links: Amandine wenige Wochen nachdem sie von einem Greifvogel erwischt wurde. Die ersten Federn wachsen schon wieder.

Bild rechts: Amandine ein Jahr später. Ihrem Gefieder merkt man kaum noch etwas an.

komplett kahl gerupft. Es scheint, dass sie vor lauter Schmerzen sich selber den Bauch gerupft hat. Mittlerweile ist nun alles wieder gut verheilt und nur noch am Hals sieht sie leicht zerzaust aus. Rémi hat sich allerdings gleich eine neue Partnerin gesucht und Amandine kam mit dem jungen Amando, einem Jungvogel von Papagei und "Mamagei", welcher alleine von Papagei aufgezogen wurde, zusammen. Im letzten Jahr brüteten sie das erste Mal. Allerdings war die Brut erfolglos, vermutlich aufgrund von Amandos zartem Alter von gerade mal zwei Jahren.

Bild oben links: Amandine und Geronimo kurz vor dem Flügge werden. Zwei weitere Geschwister sind noch in der Höhle.

Bild oben rechts: Amandine beobachtet die Umgebung.

Bild unten: Amandines Partner Amando, einem Nachkommen von Mamagei und Papagei, an der Bruthöhle.

Amandine und Amando beim Fressen von Baumhaselnüssen. Eine sehr wichtige Nahrungsquelle im Winter.

Geronimo und Pocahontas suchten ein Revier
Kurz nach Amandine verließ Geronimo das Nest und eine lange Zeit war Geronimo mit seinem jüngsten weiblichen Nistgeschwister Pocahontas zusammen unterwegs. Manchmal hatte es für mich den Anschein, dass die zwei sich eher als ein Paar verbunden fühlten, denn als Geschwister. Zusammen suchten sie sich im Rosensteinpark ein Revier, welches sie sogar gegen andere Amazonenpärchen fleißig verteidigten.

Als Pocahontas letztendlich sich dann doch den erfahrenen Thilo angeln konnte, machte sich auch Geronimo auf die Suche nach einer Partnerin. Single-Amazonen gab es zu der Zeit immer wieder, da es genau der Zeitpunkt war, als der junge Habicht unterwegs war. Der Habicht hatte noch

Bild oben rechts: Pocahontas bettelt ihren Partner Thilo um Futter an. Sie brütete im Alter von drei Jahren das erste Mal.

Bild links: Geronimo im Winter beim Fressen der beliebten Zieräpfel.

Geronimo nachdem er sein Mahl in einem Zierapfelbaum beendet hat.

Geronimo und Lucette sind aufgebracht.
Schnee gibt es in Stuttgart nur sehr selten.

nicht das Gefieder eines Erwachsenen und so hoffte ich sehr, dass er sich bald ein neues Revier sucht. Damals sind binnen vier Monate insgesamt elf Amazonen verschwunden. Geronimo konnte sich ziemlich schnell Lucette angeln und brütete kurz darauf das erste Mal. Er war zum Zeitpunkt seiner ersten Brut gerade mal drei Jahre alt. Erst in einem Alter von circa vier Jahren gibt es bei den Amazonen die Chance auf ein befruchtetes Gelege. Für dieses Jahr bin ich nun voller Hoffnung, dass das Pärchen zum ersten Mal Nachwuchs hat. Beide haben nun das optimale Alter.

Bild oben: Geronimo sucht nach Baumhaselnüssen.

Bild unten: Geronimo beim Fressen der Kastanienblüten. Sämtliche Pflanzenteile der Kastanie stehen bei den Papageien auf dem Speiseplan.

Gini und Calimero

Von Gini erzählte ich schon in der Geschichte, in der es um Papagei ging. Gini war gerade mal zwei Jahre alt, als sie die Gelegenheit ergriff und sich Papagei angelte. Gegen ihre Nebenbuhlerin Mika konnte sie sich schnell durchsetzen und begleitete Papagei und dessen drei Jungvögel, welche er alleine großzog, überall hin. Seinen Jungvögeln gegenüber zeigte Gini keine große Sympathie. Immer wieder konnte ich beobachten, dass die jungen Papageien mit Gini spielen wollten, diese wies sie jedoch sehr barsch zurück. Nachdem Papagei es vorzog, sich ein erfahrenes Weibchen zu angeln, fand Gini mit dem zwei Jahre jüngeren Calimero einen neuen Gefährten. Zusammen konnten sie ein Revier für sich beanspruchen und brüten dieses Jahr erstmalig miteinander.

Bild links: Gini hält Ausschau.

Bild oben: Gini und Calimero untersuchen eine Bruthöhle.

Ginis Partner Calimero gefällt diese Höhle nicht. Sie entschieden sich für eine andere.

Thelma und Kirke

Eine außergewöhnliche Freundschaft

Thelma dürfte wohl die Amazone mit dem außergewöhnlichsten Charakter sein. Der Begriff „schräger Vogel“ könnte durchaus bei ihr den Ursprung haben. Wie alt Thelma ist, ist unbekannt. Von 2015 bis heute hat sie sich optisch kaum verändert, so schätze ich, dass sie mindestens zehn Jahre alt ist. Junge Papageien haben noch relativ wenig Gelbanteil, dieser ändert sich in den ersten drei Lebensjahren immer besonders stark.

Thelma will keinen Partner
Als ich Thelma kennenlernte, hatte sie keinen Partner und flog immer mit dem Pärchen Penelope und Odysseus mit. Das Dreiergespann war immer und überall zusammen. Bei den Schlafplätzen schlief Thelma in unmittelbarer Nähe, war Penelope im Brutgebiet unterwegs, so war Thelma ebenfalls da, ebenso auch bei der Futtersuche. Erstmal soweit nichts Ungewöhnliches, junge Papageien, welche keinen Partner haben, schließen sich häufig einem erfahrenen Brutpärchen an. Diese „Begleiter“ werden auch weitgehend geduldet, solange sie sich dem Brutbaum fern halten. Thelma allerdings zeigte so rein gar keine Ambitionen dazu, sich einen Partner zu suchen. Rafael zeigte einmal Interesse an ihr, aber ihr Desinteresse verleitete ihn schnell dazu sich anderweitig umzuschauen.

Als Penelope mit Girolamo zusammen kam, lief es für Thelma nicht mehr gut. Penelopes neuer Partner duldete es in keiner Weise, dass noch eine Amazone in seinem Revier unterwegs war. Er vertrieb Thelma, welche sich daraufhin Kirke und deren damaligem Partner Julius anschloss. Kirke war eine zeitlang regelrecht vom Pech verfolgt. Sie verlor sehr häufig ihren Partner und musste sich immer wieder neu auf die Partnersuche begeben.

Thelma läßt sich nicht vertreiben
Außerhalb des Brutreviers war das Dreiergespann eine harmonische Gruppe. Im Brutrevier allerdings, besonders zur Brutzeit, war Kirke von Thelmas Gesellschaft nicht mehr begeistert. Häufig gab es Angriffsflüge, um Thelma zu vertreiben. Die gewiefte Thelma schaffte es allerdings fast immer rechtzeitig wegzufliegen, so dass die Angriffe ins Leere erfolgten. Thelma war jedoch durchaus bereit dazu, ihren Beitrag zur Verteidigung

Thelma landet im Brutgebiet sehr häufig auf dem Boden.

Kirke in ihrem Brutrevier.

von Kirkes Revier zu leisten. Wenn Kirke im Clinch mit den Reviernachbarn lag, imponierte Thelma immer übereifrig mit.

Perseus ist an Thelma interessiert

Dann kam allerdings Perseus. Perseus zeigte ebenfalls großes Interesse an Thelma und es gelang ihm tatsächlich, dass Thelma sich ihm anschloss. Jedes andere Pärchen hätte sich nun auf die Suche nach einem eigenen Revier gemacht und wäre seine eigenen Wege gegangen. Nicht so aber Thelma. Sie wollte unbedingt in der unmittelbaren Nähe von Kirke bleiben und so musste sich Perseus mit Thelma in Kirkes Brutrevier nach Bruthöhlen umsehen. Zu Streitereien mit Kirke kam es zwecks der Nistplatzsuche nicht. Kirke sah dies wohl nicht als Konkurrenz an. Naja, die Höhlen, welche sich Thelma anschauen wollte, waren nicht gerade papageiengerecht. Es war ein aufgehängter Nistkasten für sehr kleine Vogelarten. Dann sollte sich jedoch eine kleine Tragödie ereignen. Perseus, Thelma und Julius verschwanden zeitgleich. Kirke war komplett alleine in ihrem Revier unterwegs. Zwei Wochen später tauchte Thelma urplötzlich wieder an Kirkes Seite auf. Verschwunden blieben Perseus und Julius.

Aus Leinfelden-Echterdingen, einem Ort, Luftlinie etwa zehn Kilometer vom Brutgebiet entfernt, erreichte mich eine Meldung, von einer allein umherfliegenden, laut rufenden Amazone. Den Fotos nach zu urteilen, welche mir geschickt wurden, deutete alles darauf hin, dass es sich um Perseus handelte. Vor Ort überzeugte ich mich dann schließlich selber und tatsächlich, er war es wirklich.

Bild oben: Thelma sucht einen Brutplatz. Perseus beobachtet Thelma dabei.

Bild unten: Perseus war Thelmas einziger Partner.

Die Amazonen sind normalerweise sehr standorttreu und nutzen für ihre Futtersuche einen Radius von circa 5 km. Nur sehr selten werden außerhalb der Region die Papageien beobachtet, dennoch kam es in der Vergangenheit schon mehrfach vor. Ich vermute, dass sich immer wieder mal die jungen Amazonen auf den Weg machen, um noch weitere Artgenossen zu finden. In der Natur würde dieses Verhalten durchaus Sinn ergeben, wenn sich verschiedene Gruppen mischen, um Inzucht zu vermeiden. Denkbar wäre auch, dass es zu dem Zeitpunkt des Verschwindens einen heftigen Kampf im Brutgebiet gab und Perseus verletzt von einem Passanten mitgenommen wurde.

Bild links: Kirke an ihrer Bruthöhle.
Trotz vieler unterschiedlicher Partner
hatte Kirke noch keine Bruterfolge.

Bild oben rechts: Thelma beobachtet
immer genau, was ihre Freundin macht.

Kirke dürfte mit Pebe und Lola zusammen, zu den ältesten Amazonen in Stuttgart gehören.

Kirke und Quetzi waren drei Jahre ein Paar. Quetzi verunglückte im Straßenverkehr.

Ein dreiviertel Jahr ohne Thelma

Neun lange Monate streifte Perseus allein in Leinfelden umher, als er dann urplötzlich im Januar wieder in Stuttgart auftauchte. Die Tage zuvor sah ich immer wieder eine Gruppe jüngerer Amazonen in Perseus Richtung fliegen und ich vermute stark, dass sie sich ebenfalls weit außerhalb des normal üblichen Gebietes aufhielten. Perseus hat sie wahrscheinlich gehört und konnte so den Weg zurück in die Heimat finden.

Sofort schloss er sich wieder Thelma an, welche, wen wundert es, natürlich Single war. Erneut begaben sie sich auf die Suche nach einer Bruthöhle und diesmal wurden auch durchaus geeignete Bruthöhlen angeschaut. Thelma bestand allerdings weiterhin darauf, in Kirkes Revier zu bleiben. Die Brutsaison über blieb Perseus bei Thelma, dann aber ergriff er sofort die Gelegenheit sich ein anderes Weibchen zu angeln, welches kurz zuvor ihren Gefährten verloren hatte. Das ganze ereignete sich 2018 und seitdem hatte Thelma nie wieder einen Partner.

Bild links: Aktuell ist Kirke mit Thilo zusammen, welchen sie Safira ausgespannt hatte.

Bild rechts: Thelma fliegt Kirke überall hinterher.

Thelma brütet

Dennoch hatte Thelma noch eine weitere merkwürdige Überraschung parat. Letztes Jahr beobachte ich sie dabei, wie sie zeitgleich mit Kirke ebenfalls brütet. Sobald Kirkes Partner zum Füttern erscheint, kommt auch Thelma aus ihrer Höhle heraus, imponiert eifrig mit dem Paar, entweicht ein paar Angriffsflügen von Kirke und sobald Kirke wieder in ihrer Höhle zu dem Gelege geht, geht auch Thelma wieder in ihre Höhle, welche gerade mal acht Meter von ihrer Freundin entfernt ist.

Auch dieses Jahr brütet Thelma erneut. Sie hat den Brutbaum gewechselt, dieser ist nun 25 Meter entfernt von Kirkes Brutbaum. Vor kurzem war ich in großer Sorge um Thelma, da sie nicht mehr aufgetaucht ist, wenn Thilo vorbeikam, um seine Partnerin zu füttern. Es war aber alles gut und es scheint, dass Thelma ihr Gelege dieses Jahr sehr ernst nimmt. Wer weiß, vielleicht klappt es nächstes Jahr mit einem Partner für Thelma...

Bild oben: Thelma fand eine Bruthöhle. Ohne Partner brütet sie in der Höhle. Nur zum Fressen und um gemeinsam mit Kirke zu imponieren kommt sie aus der Höhle heraus.

Revierkampf zwischen Kirke und ihrer Nachbarin Lotte. Thilo gelingt es, Max zu vertreiben. Thelma mischt sich in die Kämpfe nicht mit ein.

Theo

Ein kleiner Draufgänger

Theo schlüpfte 2018 und ist das einzige Junge von dem Pärchen Thea und Thilo. Drei Jahre lang brütete das Elternpaar zusammen und nur in einem Jahr gab es ein einziges Junges. Theo war schon immer sehr forsch und temperamentvoll. Einmal sah ich Theo mit zwei weiteren jungen Amazonen in einem Fressgebiet, wie sie nur zum Spaß eine Rabenkrähe jagten. Der Rädelsführer war eindeutig Theo. Kaum setzte sich die Krähe auf einen Ast, kam Theo mit seinen Freunden im Schlepptau angeflogen und scheuchte die Krähe auf. Selbst als die anderen die Lust an dem Spiel verloren haben, machte er noch alleine weiter.

Theo macht Jagd auf eine Krähe.

Am gespreizten Schwanz und den kleinen Pupillen ist gut zu erkennen, dass Theo wegen etwas sehr aufgebracht ist.

Junge Amazonen spielen gerne miteinander

Besonders im Herbst sind die ein- und zweijährigen Papageien immer besonders verspielt. Sie hängen kopfüber an Ästen oder Stromleitungen und zanken spielerisch miteinander oder jagen sich gegenseitig durch die Gegend. Der Stuttgarter Talkessel, in dem das ganze Jahr über ein mildes Klima herrscht, bietet mit seinen Grünflächen dafür den idealen Platz. Felder und Wiesen mit überschaubarem Bestand an Bäumen, Kleingärten,

Bild links: Theo im Konflikt mit einem Kontrahenten. Ich vermute, dass es um ein Weibchen ging.

Bild oben: Theo liebäugelt mit einem Apfel.

Theo mit seiner ersten Partnerin Mila.

Der temperamentvolle Theo
bei der Landung.

Parkanlagen, Spielplätzen, Friedhöfen und bepflanzten Innenhöfen nutzen sie für ihre Futtersuche und zum Spielen, während die älteren Amazonen sich nach dem Fressen gerne zu einem Nickerchen zurückziehen. Dabei erstaunt es mich immer wieder, wie reichhaltig das Angebot an Nahrung für die Stuttgarter Amazonen in der Großstadt ist. Hauptsächlich ernähren sie sich von Samen, Früchten, Knospen, Blättern, Blattstielen, Blüten und sogar von Baumrinde. Sie lieben Gebiete, in denen es ein reichhaltiges und abwechslungsreiches Angebot gibt. Je nach Jahreszeit und je nach dem, was der „Markt" hergibt, variiert ihre Nahrung.

Theo hat eigene Pläne

Dieses Jahr umgarnte die erst zweijährige Bellé Theo, doch er hatte ganz anderes im Sinn. Er hatte ein Auge auf Willis Partnerin Maja geworfen. Willi und Maja kenne ich nur als Doppelpack. Sie sind mindestens seit 2015 zusammen und brüteten jedes Jahr, leider erfolglos. Dennoch sind sie ein eingespieltes Team und mussten sich schon das ein oder andere Mal gegen Reviereroberungen durchsetzen. Wobei das Revier des Pärchens allerdings sehr groß ist. Bei ihnen geht es eher darum, dass sich ihr Revier nicht verkleinert. Es erstreckt sich von der Mitte des Rosensteinparks bis in die Wilhelma hinein. Theo fühlt sich in der Wilhelma sehr wohl und in der Vergangenheit gab es schon so manchen verbalen Konflikt an der Reviergrenze mit Willi und Maja.

Es war im Winter zu Jahresanfang, als Theo mich erneut wieder sehr verblüffte. Es gelang ihm tatsächlich, Willi Maja auszuspannen. Dabei verlassen die Weibchen nicht einfach so ohne weiteres ihre langjährigen Partner. Nur durch den eindeutigen Beweis der Stärke und der Überlegenheit schließen sie sich einem neuen Partner an. Im Brutgebiet konnte ich beobachten, wie Theo voller Stolz neben Maja saß und mit ihr gemeinsam das Brutgebiet verteidigte. Sobald Maja wegen etwas aufgebracht war, war

Die 2020 geschlüpfte Bellé frißt einen Zierapfel.

Theo sofort zur Stelle. Auch in den Schlafbäumen in Cannstatt saß nun Theo immer nah bei Maja. Willi schlief nur einen Baum weiter und er tat mir dabei sehr leid. Ein kleiner Trost war, dass er nun von der jungen Bellé begleitet wurde.

Die Liaison zwischen Maja und Theo hielt nur ein paar Tage. Willi gab sich einen Ruck, mobilisierte alle Kräfte und eroberte sich Maja einfach wieder zurück. Bei den älteren, erfahrenen Amazonen ist es gang und gäbe, dass sie, wenn sie ihren Partner verlieren, versuchen, dem Reviernachbarn diesen auszuspannen. Hier war es aber das erste und bisher einzige Mal, dass ich beobachtete, dass eine junge Amazone eine erfahrene, deutlich ältere auf diese Weise für sich gewinnen konnte.

Bild links: Maja ruht sich gerade aus.

Bild oben: Theo beim Fressen von Baumhaselnüssen.

In Majas und Willis Brutgebiet steht ein Kirschbaum. Knospen, Blüten, Früchte und die Kerne werden gerne gefressen.

Schlusswort

Epilog

Obwohl ich nun schon mehrere Jahre die Papageien beobachte, staune ich immer wieder darüber, wieviel Neues es noch zu entdecken gibt. Langweilig ist es mir dabei noch nie geworden.

Anfang dieses Jahres konnte ich 59 Amazonen zählen. Leider hat sich die Population, seit der Habicht im Brutgebiet unterwegs war, nicht wieder erholt. Hinzu kommt auch, dass es im letzten Jahr mit nur sieben Jungtieren von insgesamt fünf erfolgreichen Brutpaaren, eine geringe Zahl an Nachwuchs gab. Zum Brutbeginn war es noch sehr kalt und es regnete häufig. Auch das Nahrungsangebot im Winter war recht dürftig.

Für dieses Jahr bin ich trotz der Turbulenzen, die es bedingt durch Loris und Undines Revierwechsel gab, sehr zuversichtlich. Deren Umzug hat einige Strukturen komplett verändert. Loris und Undine vertrieben Papagei und Loretta aus ihrem Revier, welche daraufhin Finn und Tobia vertrieben und diese beschlagnahmten nun den Brutbaum von Mimi, welche jetzt leer ausgeht. Für das nächste Jahr muss sie entweder ihr Revier zurückerobern oder sich ein komplett neues suchen.

Das Nahrungsangebot war letzten Winter reichlich und auch das Wetter zeigte sich aus Amazonensicht von seiner besten Seite. Insgesamt gibt es achtzehn Brutpaare, davon vier junge Brutpaare, welche nun das optimale Alter von mindestens vier Jahren erreichten, um ein befruchtetes Gelege zu haben.

Es bleibt weiter spannend.

Weitere Infos zu den Papageien finden Sie auf meiner Homepage und auf Facebook:

www.stuttgarter-amazonen.de
www.facebook.com/stuttgarteramazonen

Impressum

Impressum

Bianca Hahn
Stuttgarter Amazonen -
Familiengeschichten, Leben & Charaktere wilder Papageien

1. Auflage (2022)
Arndt-Verlag e. K., Bretten
ISBN: 978-3-945440-87-2

Fotos, Satz, Layout, Bildbearbeitung: Bianca Hahn
Sprachlektorat: Dr. Rainer Noske
Fachlektorat: René Wüst

Foto Seite 8: Prof. Dr. Reinschmidt

Gedruckt in der EU

ARNDT-VERLAG
WIR LIEBEN VÖGEL!